AF260026

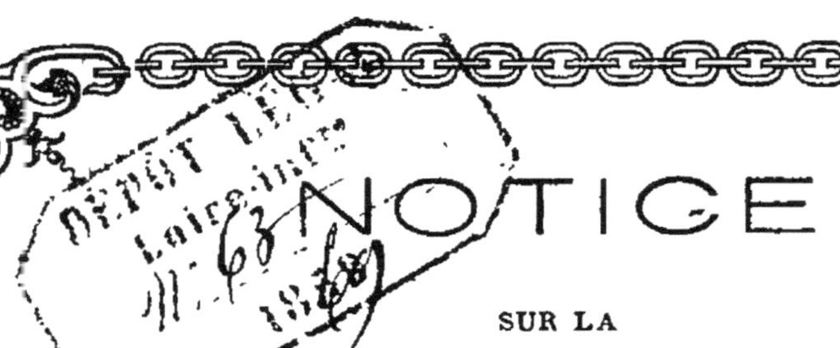

NOTICE

SUR LA

SOURCE FERRUGINEUSE

DE

PRÉFAILLES

NANTES,

IMPRIMERIE ÉV. MANGIN, QUAI DE LA FOSSE, 25.

1869.

NOTICE

SUR LA

SOURCE FERRUGINEUSE

DE

PRÉFAILLES

NOTICE

SUR

LA SOURCE FERRUGINEUSE

DE

PRÉFAILLES

Il existe dans la baie de Bourgneuf, sur la côte sud de la presqu'île que forment l'embouchure de la Loire et cette baie, un joli village, favorisé par la nature; il se nomme Préfailles; on y arrive en traversant la petite ville de Pornic, le bourg de la Plaine et le village de Kirouard. Ses bains de mer et surtout son eau ferrugineuse lui ont donné quelque célébrité depuis cinquante ans, célébrité qui depuis vingt ans s'est beaucoup accrue.

L'eau de Préfailles, assez connue sous le nom d'eau de la Plaine, est d'une grande pureté. A part un peu d'acide carbonique et du fer, à part des traces d'arsenic et de l'huile de schiste, elle ne contient pas en tout, pour un litre, plus de 113 milligrammes de chlorures de magnésium et de sodium, de sulfate de chaux, de carbonate et de sels d'alumine, au dire de M. Hectot, qui y a signalé 7 milligrammes d'une substance végétale-minérale dont on se rend compte quand on remarque que la source provient de schistes friables et très légèrement bitumeux. C'est donc uniquement à cette huile, à l'acide carbonique, à l'arsenic, en si minime quantité qu'il soit, et au fer, qu'il faut s'adresser pour connaître les propriétés médicamenteuses de la source de Préfailles. Le dosage de ces substances, le voici à peu près pour un litre d'eau :

Acide carbonique	lit.	0,035
Fer	gr.	0,013
Arsenic		0,0001
Matière huileuse		0,007

La seule inspection de cette formule nous explique comment ces eaux sont très utiles aux malades chez qui l'on redoute l'épaississement des muqueuses,

Aux chlorotiques,

Aux anémiques,

Chez les fiévreux,

Aux femmes dont la menstruation est pénible ou mauvaise ;

Et pourquoi il ne serait pas irrationnel de les administrer dans l'albuminurie des jeunes filles ou chez les femmes à la suite des couches et dans une foule d'affections.

Cette analyse nous montre aussi que ces

eaux, bues sur les lieux, en une contrée où l'on respire à pleins poumons l'air salé de la mer, seraient plus avantageuses encore et supérieures peut-être aux eaux de Spa, du Mont-d'Or, et à beaucoup d'autres, si elles étaient chargées artificiellement, à la source même, d'acide carbonique.

Les chimistes me feront remarquer qu'il y a quelque peu à redire aux indications qui précèdent ; ils s'adresseront, ainsi que je l'ai fait, diverses questions que l'analyse de M. Hectot résout suffisamment au point de vue de la thérapeutique, mais ne résout nullement quand on désire connaître l'état statique des diverses substances contenues dans l'eau de Préfailles, au moment où l'on en fait usage. S'ils prennent l'ouvrage de MM. Pâtissier et Boutron-Charlard, ils ne verront même pas dans l'analyse de M. Hectot les traces d'arsenic que j'ai dû indiquer et qui sont faciles à constater ici comme dans tous les dépôts des eaux qui en contiennent.

MM. Bobierre et Moride ont fait, en 1852, une nouvelle analyse des eaux de Préfailles, et voici le résultat obtenu :

Un litre a fourni 46 c. 34 d'un gaz composé pour 100 volumes de :

Acide carbonique	55,40
Azote	34
Oxygène	10,60

Le résidu salin s'est élevé à 0,401 (M. Hectot

n'avait trouvé que 0,161). Il contient sur cent parties :

```
Matière organique....................    7,20
Silice...............................    7,60
Alumine..............................   traces
Acide  sulfurique....................    8
Chlore...............................    3,80
Sodium ..............................   18
Magnésium............................    2,90
Calcium..............................    3,72
Protoxyde fer dissous par l'acide carbo-
    nique............................    3,09
Oxygène  et acide carbonique en com-
    binaison .........................   45,69
Arsenic..............................   traces
```

Les différences qui existent entre cette analyse et celle de M. Hectot sont importantes : celle-ci nous donne 12 milligrammes par litre d'oxyde de fer et un peu d'arsenic, c'est-à-dire les éléments d'une puissante action sur l'estomac ; elle nous donne aussi une proportion de substance végéto-minérale plus considérable ; elle est plus récente et elle a été faite selon les données les plus modernes de la science. (*)

A côté de ces études chimiques, plaçons maintenant nos observations médicales :

Quand on boit, à Préfailles, de l'eau de la

(*) Cependant elle n'indique pas le manganèse que l'on trouve en plus grande quantité que l'arsenic uni au fer des schistes voisins.

source, on lui trouve une grande fraîcheur et un arrière-goût d'encre assez prononcé. Si on laisse cette eau dans un verre, bientôt flottent à la surface des écailles d'oxyde, intermédiaire verdâtre, tandis qu'il se dépose de l'acide carbonique et une sorte de vapeur sur le pourtour du verre. Cette eau graisse les verres, disent avec raison les malades. Quelques personnes la trouvent lourde à l'estomac ; pour toutes elle serait plus légère et généralement plus avantageuse si elle était gazéifiée. Les expérimentations que nous avons fait faire ne laissent aucun doute à cet égard.

L'acide carbonique (et le travail tout récent de M. Mialhe prouve cette assertion), joue un très grand rôle dans l'économie. Sous son influence, le phosphate des os pénètre dans le sang, arrive aux parties qu'il doit constituer. Sans lui, pas de charpente osseuse. C'est lui qui rend solubles les carbonates calcaires et les carbonates de magnésie que l'on trouve dans le sang. C'est encore l'acide carbonique qui empêche la précipitation des urines, aidé par les eaux de Vichy, qui les rendent alcalines, d'où l'impossibilité, en pareil cas, des éléments de calculs. L'acide carbonique est encore indispensable à l'oxydation de certaines substances sucrées. Il est donc utile et parfaitement convenable de gazéifier à la source l'eau de Préfailles, pour ajouter à ses vertus. C'est un moyen d'en tirer un parti bien plus grand qu'aujourd'hui.

L'eau de Préfailles, comme toutes les boissons ferrugineuses, produit un peu de constipation, quelquefois une sorte d'étourdissement au début. Ce n'est pas du mal de tête, c'est une sensation anormale dans l'encéphale. C'est la seule eau dont on boira sur les lieux mêmes, au repas, parce qu'en dehors de toute considération médicale, c'est la meilleure.

La manière de prendre cette eau influe beaucoup sur le traitement. C'est une grande erreur de croire qu'elle ait la même qualité chez soi et à la source. Faire une promenade au bord de la mer avant d'en boire, une station au bord de la mer d'une demi-heure au moins, pendant qu'on en boit, une promenade pour le retour quand on en a bu, ce n'est pas indifférent. On ajoute ainsi à l'économie par la respiration ce que la source ne donne pas, à savoir des iodures, des bromures et chlorures alcalins, à doses infinitésimales, mais sous la forme la plus convenable pour pénétrer dans notre économie.

Aucun médecin, que je sache, n'a encore écrit sur le régime qu'il convient de suivre quand on prend les eaux de Préfailles. Je crois donc utile de m'en occuper.

La saison des eaux commence avec les beaux jours de mai ou juin et finit vers la fin de septembre.

Une fois installé, levez-vous matin et couchez-vous de bonne heure. Autant que possible, disposez ainsi de votre journée :

A six heures et demie mettez-vous en route.

pour la source. Une fois arrivé, buvez deux à quatre verres d'eau en mettant de cinq minutes à un quart d'heure de distance entre chaque verre, selon l'état de votre estomac. Prenez-la gazeuse si cela est possible.

Si les bains, si surtout les coups de la vague vous sont utiles, baignez vous en revenant ou après avoir pris quelque chose chez vous, comme une tranche très mince de jambon entre deux lèches de pain.

Vers dix heures, dix heures et demie au plus tard, déjeunez. Mangez peu de féculents, il donnent au sang beaucoup de sucre, beaucoup d'éléments de combustion, peu d'éléments répararateurs. Le lait, si vous le digérez bien, les œufs, le fromage, le poisson, la volaille et la viande, voilà, au contraire, les éléments dans lesquels votre estomac puisera une albuminose réparatrice.

Règle générale, il vaut mieux manger hors de chez soi que chez soi, cela secoue notre paresse naturelle en nous forçant à sortir, à faire de l'exercice.

De midi à 2 heures, dans les grandes chaleurs, vivez comme aux pays chauds, faites la sieste, surtout si, ce que nous ne saurions trop conseiller, vous faites du repas du matin le repas principal.

Après la sieste, allez au bain ; ne redoutez pas le choc de la mer. Le retour à la maison et le temps de s'habiller conduisent à l'heure du dîner. A dîner comme à déjeûner, suivez le même régime alimentaire et buvez de l'eau de la source (gazéifiée s'il est possible). — Après le dîner, faites un pèlerinage à la source, pareil à celui du matin. Tout vous y convie, rien d'agréable à cette heure comme la vue de cette réunion de 4 à 500 buveurs éparpillés sur les rochers, au bord de la mer, à la source et sur la colline qui la domine.

Au retour, livrez-vous aux occupations qui peuvent vous écarter de vos pensers usuels. Que les jeunes filles chantent et dansent, que les autres fassent de la musique ou charment la conversation, chacun selon sa spécialité. Avant de vous mettre au lit, vous pouvez prendre encore quelques aliments en très-petite quantité pour recommencer le lendemain. — Quelques jours de cette existence sont un grand repos et un repos plein de charmes et d'espérances de santé.

Les bains de Préfailles se prennent en face du village. Il y a des plages plus sablonneuses, plus agréables, plus unies, mais nulle part il n'est plus facile de recevoir ces douches excellentes que donnent les vagues ; et puis à toute heure, quelle que soit la marée, l'on peut se baigner. Ceci est très-important.

A. GUÉPIN.

Nous croyons devoir reproduire à la suite du travail précédent le rapport de l'Académie impériale de médecine, fait à la demande de Son Excellence M. le Ministre de l'Agriculture, du Commerce et des Travaux publics, par la Commission permanente des Eaux minérales, sur l'eau de Préfailles, commune de la Plaine (Loire-Inf.), M. Gobley, rapporteur.

Voici ce rapport :

« Le sieur Monier, pharmacien à Pornic, sollicite l'autorisation d'exploiter, pour l'usage de la boisson, l'eau d'une source ferrugineuse située à Préfailles ; il demande également à être autorisé à gazéifier cette eau par des moyens artificiels, pour en assurer la conservation en bouteilles. La source de Préfailles est située sur le bord de la mer, et fournit environ 300 litres à l'heure. L'eau contenant peu de gaz en dissolution, abandonne facilement l'oxyde de fer, et c'est pour cette raison que M. Monier la charge d'acide carbonique, à la source même, au moyen d'un appareil à eau gazeuse.

L'Académie a reçu des échantillons d'eau naturelle et d'eau chargée d'acide carbonique. Les bouteilles d'eau naturelle contiennent du sesquioxyde de fer en suspension. L'eau gazeuse est parfaitement limpide et tout le fer se trouve en dissolution. (*)

» Les réactifs indiquent la présence du fer au minimum, des traces de chaux et de sulfates, et beaucoup de chlorures.

(*) Nota. — Ces échantillons ont été expédiés le 6 mars 1865 à Son Excellence Monsieur le Ministre de l'agriculture ; ils sont restés au Ministère pendant un an, et c'est après ce laps de temps qu'ils ont été soumis à l'examen de l'Académie de Médecine.

» Par l'ébullition l'eau se trouble, devient jaune, et laisse déposer des flocons ocreux. Il se forme à la surface du liquide une pellicule huileuse qui disparaît par la concentration. Dans le précipité ocreux on reconnaît la présence du manganèse. '

» L'eau soumise à l'analyse a fourni à M. Bouis la composition suivante, pour un litre :

Résidu insoluble	0,027
Protoxyde de fer	0,024
Chaux	0,037
Magnésie	0,028
Soude	0,129
Acide carbonique	0,023
Acide sulfurique	0,035
Chlore	0,193
	0,496

» Ces nombres peuvent se représenter ainsi :

Résidu insoluble	0,027
Carbonate de fer	0,038
Carbonate de chaux	0,021
Sulfate de chaux	0,060
Chlorure de sodium	0,245
Chlorure de magnésium	0,059
	0,450

» L'eau de Préfailles, comme on le voit, est une eau chlorurée et ferrugineuse, et sous ce rapport elle peut être utilisée au point de vue médical.

» La Commission ne voit aucun inconvénient à ce que l'eau soit gazéifiée sous la surveillance d'un pharmacien, mais elle croit cependant que les médecins qui en feront usage doivent être prévenus. Elle vous propose donc de répondre à Monsieur le Ministre, qu'il y a lieu d'accorder l'autorisation sollicitée, en imposant la condition d'indiquer sur les étiqu·ttes que l'eau est chargée artificiellement d'acide carbonique.

» Ce rapport a été lu à l'Académie, et elle en a adopté les conclusions dans sa séance du 21 août 1866.

Le secrétaire perpétuel,

signé :   DUBOIS. »

La source de Préfailles est, parmi les eaux ferrugineuses, la plus fréquentée de France. Elle est recommandée comme tonique et digestive dans les maladies de l'estomac, gastrite, gastralgie, vents, vomissements, pour fortifier les tempéraments lymphatiques. Chez les enfants, à l'époque de la croissance, c'est une médication facile, toujours prise sans répugnance et supportée par les estomacs les plus débiles. C'est principalement à cette époque de l'enfance que l'on peut plus facilement former le tempérament, et obtenir cette pureté et fraîcheur du teint, cette belle carnation rosée, signe distinctif d'une bonne santé. Dans les engorgements, tumeurs, infiltration, elle est considérée comme le meilleur apéritif. En rétablissant le sang à son état normal, elle active la circulation, élève la température de notre organisme, et lève les obstructions en favorisant les fonctions cutanées. Il est facile de se rendre compte de l'influence de l'eau si l'on considère la large part qu'elle prend dans l'alimentation, qu'elle s'assimile naturellement à notre économie, et sert à constituer la plus grande partie du sang et de nos sécrétions Par son huile de schiste et son acide carbonique, elle est prescrite comme hygiène aux époques d'épidémies, aux personnes qui ne boivent que de l'eau rougie; car il est prouvé, aujourd'hui, que sous certaines influences atmosphériques, l'eau contient des sporules organiques qui se répandent dans l'air sous forme de miasmes.

L'affluence des étrangers, à Préfailles, s'explique par l'avantage de la pureté de l'air, la source minérale et les bains de mer. Cette triple influence exerce, sur les forces vitales, les effets les plus salutaires.

Depuis quelques années les bains de Préfailles ont pris une importance exceptionnelle; de nombreuses améliorations ont été réalisées dans l'intérêt des baigneurs et des personnes auxquelles de nombreux médecins ordonnent de boire l'eau de sa source.

L'établissement de bains, organisé par les soins de M. Lemaire, répond à tous les besoins des baigneurs.

On peut prendre dans l'établissement des douches dont le service est parfaitement installé, ainsi que des *bains* de *Baréges*.

Dans les cabines qui ont été construites au bord

de la mer on trouve, en sortant de l'eau , de petits bains de pieds chauds, pour faciliter la réaction.

Les malades que des infirmités empêchent de marcher, peuvent se rendre à la source, en voiture, à cheval ou à âne.

Des hôtels où les baigneurs trouvent tout le confortable qu'ils peuvent désirer se sont établis à Préfailles

Le service de l'eau minérale gazéifiée , est fait à domicile, par les soins de M. Monier, pharmacien de 1re classe.

Tous les jours il y a, à Préfailles, marché ; les légumes, la volaille, le poisson, les coquillages, les crevettes y abondent.

Une station télégraphique a été établie à Préfailles et des voitures publiques y font le service de Nantes.

De Nantes on peut encore se rendre à Préfailles par le bateau à vapeur de Paimbœuf avec voiture correspondant avec Préfailles ou même par la voie ferrée jusqu'à Donges, avec correspondance jusqu'à Préfailles , ou par la voiture directe , quai Tarenne , à Nantes.

Les distractions sont nombreuses et on a organisé des divertissements de plusieurs sortes : parties de pêche, excursions en voiture et à âne. De plus des chaloupes dirigées par des marins expérimentés conduisent les baigneurs dans des promenades dont les principaux buts sont Pornic, Noirmoutiers et St-Gildas.

S'adresser, pour louer des chambres, apparements et châlets , et tous renseignements , à M. Lemaire , propriétaire de l'établissement de bains. On y trouve aussi en location et en vente un très grand choix de costumes de bains, bonnets, spadrilles, chaussures, etc.

Nantes, imprimerie Ev. Mangin.